精致果盘

切拼创意

朱文彬 ——

著

 海峡出版发行集团
THE STRAITS PUBLISHING & DISTRIBUTING GROUP

福建科学技术出版社
FUJIAN SCIENCE & TECHNOLOGY PUBLISHING HOUSE

做一块有愿望的石头

美食，从来让人无法抗拒，而在食物的国度里，厨师们无疑是王者。他们用灵巧的双手做出的果雕和果盘，让人赏心悦目之余，吃起来更是口角生香。朱文彬先生就是这样一位在这美食的国度里，雕刻着属于自己的时光的行者。

初识朱先生，是在一场酒会上，现场琳琅满目的拼盘果雕已经让人心生愉悦，再品尝菜品，更是欢喜不已，得知它们出自朱先生之手，当时心里很是赞叹。之后有缘再见面，朱先生对食物的探索和钻研劲又深深感动了我。在我的力邀之下，朱先生来到了莱茵国窖会所，德国的好酒配朱先生的好菜，真是妙绝的搭档。如今，欣闻朱先生出书，希望我为之写序，我欣然应允，他的菜品和人品一样，让人赞叹。

不由地，我想起百年前与毕加索同时代的一位名叫薛瓦勒的法国乡村邮差的故事。作为一名邮差，薛瓦勒每天奔走于崎岖的山路上，有一天他被一块石头绊倒，突发奇想决定用石头建造一座城堡。历时 20 年之久，他的城堡"邮差薛瓦勒之理想宫"建成了。如今，这座城堡已是法国最有名的旅游景点。在城堡入口处最初绊倒他的那块石头上，薛瓦勒深情地刻道："我想知道一块有了愿望的石头能走多远。"

毫无疑问，朱文彬就是一块有了愿望的石头。经由朱先生雕刻的各种水果造型，令观者动容；其制作的水果拼盘清新流畅，给菜品增添了新的张力，让菜品有了更生动的主题，给身边很多人带来感动。在《精致果盘切拼创意》这本书中，我们将会发现，朱先生的"理想宫"里，不仅仅是水果拼盘，更是各式各样的创意，是属于他的独一无二的创造作品。

要实现梦想，仅有热情是不够的，还需要坚持。有了愿望，就要坚持走下去，梦想有多远就能走多远。

人生有很多美妙时刻，譬如翻阅这本书，了解浅显易懂的水果拼盘制作，在阳光的午后为家人或者宾客端上自己的《杰作》，视觉享受之余，其乐更融融。若是能在聚会时展露一手，衬托着美酒美食，更是乐上加乐的愉悦。

福建菜茵酒业有限公司董事长　何梦翰

创新的人是充满自信和勇气的，创新的人是擅于思考和做决定的！认识文彬，是在我们东南卫视录制《食来运转》节目时。每次在节目里，文彬从食材的选择，到精巧的配搭、考究的摆盘、出色的烹饪，都让人印象深刻。粤菜、闽菜以及素食……在坚守传统的同时，他用创新的手法让美食焕发出了全新的生机！

我们节目经常约不到他的档期，因为他不是在外地学习，就是在参加大赛。然而每每他出现在节目里，我们总是会发现他的进步。文彬究竟有多大的潜力？他用行动告诉我们《他无我有，他有我新，他新我变！》

听闻文彬要出版新书《精致果盘切拼创意》，这又是一次飞跃和自我挑战，祝好！期待文彬用创意带给我们更多美好和惊喜！

福建东南卫视《食来运转》栏目主持人　刘伟

认识文彬有三四年的时间，与他相识是在我主持的美食节目上。第一次见面握手的场景，我还记得，他把腰弯得老低，面带笑容，文质谦和，雅致彬彬。文彬，人如其名，是一位气质大厨。

舌尖美食，是我的爱好，也是我职业的一部分，吃过的美味自然也多一些。人们大多会把美味和荤食联系在一起，而文彬却是拿手素食，无论是万物生机素（各类芽苗做的素菜），亦或是各类菌菇做的菇排（西餐牛排的做法），都让我惊艳三分，大饱口福。

现代人对于美食的追求，其实更多是在找寻对生活的态度，所以便有了"色、香、味、形、器、意"的说法，除了传统的对于菜肴的视觉、嗅觉、味觉的感受之外，还多了形式感和意境，行话也叫"出品"。文彬对于菜的出品，可是教科书版的，形式新颖，用器考究，创意无限，无论是中式、西式还是融合菜品，都让人觉得是在享受艺术之美！

除菜品外，在宴席之中，果盘虽是搭配，但很是重要，多出于餐宴的头和尾（各地习惯不同），这便是"引"或是"结"，开餐开胃清口，收餐解腻消食。而其配搭更是讲究色彩、形状与味型，时而鲜艳纷繁、清微淡远，时而妙笔生花、精巧玲珑，又时而鲜美多汁、酸甜爽口。

我并不是弄文笔者，也不是厨界大能。只为贺贺好友新作《精致果盘切拼创意》问世，分享厨艺，交流互通，受益于众。

食果者，治愈闲暇，饕后升华。

福建电视台综合频道，前《舌尖之福》栏目主持人　牛迪

饮食是一个民族的文化底蕴。要探寻一个民族文化的高超，就从饮食下手吧。

朱文彬大厨是我从事厨艺传承以来遇到的人才。无论是他对自身的要求，还是对卫生洁净的要求，都给人纯天然、不做作的感觉。要形成如此习惯，必然自我要求严格。一个爱洁净的厨艺家，必然带给我们安全的饮食观念。他的《精致果盘切拼创意》一书，肯定禀此理念，在"心里厨房"演练多次，将最好最佳的成果呈现给读者，给爱好美食的大家奉献一本惊奇四溢的料理书籍。

期望朱文彬大厨能延绵不绝地推出具有全新创意的料理书籍，让好的料理不寂寞，让好料理传香五湖四海！

祝福朱文彬大厨《精致果盘切拼创意》新书大卖，销售长虹！

台湾探索频道（discovery）名厨　雷蒙

目 录

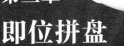

57
第四章
简易拼盘

70
第五章
西瓜皮草花拼盘

82
第六章
西瓜雕花拼盘

第一章
水果的基本切法

西瓜

西瓜皮（草花制作）

用手刀在西瓜根部果肉处切上一段，至果肉 1/5 处。

沿着瓜皮取下果肉。

用手按住瓜皮一端片下多余的果肉。

手刀从上到下片至果肉根部，并在根部连接处切下多余的果肉。

用雕刻刀在瓜皮外表面刻上线条。

用刀尖在瓜皮内表面划出线条。

按照喜好做出不同的线条。

将划好的瓜皮按事先设计好的线条相互打开即可。

西瓜肉

V形

西瓜洗净切开。

切去西瓜两头边角。

顺着瓜皮划出线条，取出部分果皮。

将果肉切成片。

切好的西瓜片摆入盘中整齐排列即成。

鸟形

将西瓜果肉切成三角形并切出鸟形嘴部。

切出鸟形背部纹路。

切出鸟形腹部形状。

将切好的果肉切成片。

做好的鸟形西瓜摆入盘中即成。

心形

切好的西瓜取出果肉。

将背部多余的果肉切平整，便于果肉造型。

将果肉两边修整成半圆形。

在中间切一凹槽成心形。

将做好的心形果肉切片。

将切好的西瓜果肉交错推开摆入盘中。

叶形

将西瓜果肉切成圆锥形。

在果肉两边剞上花刀。

将制好的果肉切片。

做好后摆入盘中即可。

西瓜船 1

将西瓜洗净，对半切开后再切成 1/4。

再对半切开。

沿着瓜皮取出果肉。

顺着弧形将西瓜果肉切片。

切好的西瓜果肉左右交错推开成船形。

西瓜船 2

将西瓜对半切开后再切成 1/8。

沿着瓜皮切下果肉。

将果肉切片。

将切好的果肉交错推开。

做好的西瓜船。

哈密瓜

蝴蝶形

去除哈密瓜果肉带籽部分。

边角修整整齐。

用刀切去果皮。

切去边角成长方形。

修整边角成弧形。

中间切成凹形。

刻上线条。

正反两面相同。

制好的果肉切片。

做好后摆入盘中。

井字形

哈密瓜竖切成片。

切成条形。

再切成约8厘米长的段。

将切好的条形哈密瓜果条摆入盘中成井字形。

立柱式

将哈密瓜对半切成条形。

沿瓜皮切至 1/5 处。

在瓜皮上切上一刀。

将切出的瓜皮向内折，使果肉上翘。

将做好的哈密瓜果肉摆盘。

哈密瓜船

将哈密瓜对半切开。

用刀切去有籽部分。

在 1/5 处剐上一刀不切断。

沿着瓜皮取出果肉。

将果肉切片。

将切好的果肉交错推开。

将做好的哈密瓜船摆盘。

菠萝

蝴蝶形

将菠萝洗净切去头部。

将菠萝从中间切开。

沿着果皮取出果肉。

菠萝果肉切除果芯部分。

刻出蝴蝶外形。

将刻好的果肉切片。

将切好的果肉摆盘。

三角形

用雕刻刀切去菠萝果肉表皮部分。

修整好的菠萝果肉。

将制好的菠萝果肉径向对切两次，之后切片。

将切好的果肉摆盘。

白玉香瓜

将白玉香瓜对半切开。

再将香瓜切成 1/4。

去掉中间带籽部分。

用刀沿着瓜皮切开，至 1/4 处。

用刀将瓜皮从中间切开。

将切开的瓜皮向上折即可。

芒果

在洗净的芒果中间处沿着果核切开。

用刀尖沿着果肉切开。

刀尖切至 1/5 处，不要切断果皮。

在果肉上切十字花刀。

将做好的芒果果肉朝外撑开，呈放射状，摆入盘中即可。

麒麟果

将麒麟果对半切开。

切去背部果皮。

取圆形模具。

取出做好的圆柱形果肉。

莲雾

选择完整新鲜的莲雾洗净。

用水果刀将莲雾从中间切开。

在表面划出线条。

将果肉切片。

切下的果肉交错推开即可。

杨桃

将杨桃洗净。

切除杨桃头部。

3

依次切成片状。

将切好的杨桃摆盘。

4

猕猴桃

1

将猕猴桃切去两头。

2

沿边缘将猕猴桃果皮去除。

3-1

3-2

将去好皮的猕猴桃切片。

4

将切好的猕猴桃装入盘中。

脐橙

将脐橙对半切开。

再将切开的橙子切成 3 瓣。

沿着果皮切下，切至 1/5 处。

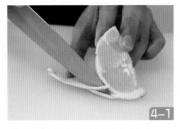

分别在果皮两边划出线条。

做好的果皮朝内折叠。

将做好的脐橙摆盘。

将脐橙切成 6 瓣。

沿着果皮切至 1/5 处。

用雕刻刀在果皮中间分别划出线条。

将做好的果皮向内折叠。

将做好的脐橙摆盘。

西红柿

西红柿底部切平，在顶部切出 V 形。

依次切出 5~6 片后取出。

从中间切断。

将切好的西红柿片再装回去，并分别从两边向外推出。

做好的西红柿中间留空可以用于存放其他食品。

苹果

1-1

1-2

取新鲜青苹果平分成 8 份，切去中间带核部分，用雕花刀刻好各种花纹。

2-1

2-2

沿果皮切至 2/3 处，去掉多余果皮，用雕花刀将多余部分剔出。

桑葚

1

将桑葚洗净。

2

在中间处切开。

3

将切好的桑葚围成圆形。

第二章
三款水果拼盘制作视频详解

本章精选三款代表性的果盘，通过短视频的形式，生动、形象地加以示范，让读者能更直观地了解制作过程。

拿起手机，扫描（可用微信扫描）书中的二维码，即可点击播放视频（无广告）。

花枝招展

视频分段:
1. 草花制作。
2. 火龙果造型制作。
3. 摆盘。

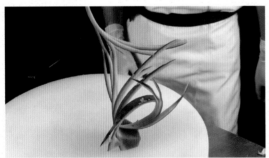

草花制作

火龙果造型制作

摆盘

草木苍翠

视频分段：

1. 草花制作。
2. 心形西瓜果肉制作。
3. 脐橙造型制作。
4. 摆盘。

草花制作

心形西瓜果肉制作

脐橙造型制作

摆盘

高瞻远瞩

草花制作

摆盘

视频分段：
1. 草花制作。
2. 摆盘。

视频播放小提示：

1. 因网络存在不确定性，如此书出版已久，已超过印次时间（见本书版权页）6年，视频可能仍然可以播放，但出版方不为播放故障提供服务。

2. 如您扫描后不能播放视频，请耐心等待，因为初次播放视频有可能会有较长缓存时间；并请检查自身网络情况。

3. 如仍然不能播放，可联系邮箱：181074439@qq.com。

第三章
即位拼盘

初升

藏娇

春晓

繁华

春晖

包容

穿越

给予

白露

佛心

含蓄

奉献

缠丝

雏鹰

芳华

扶摇

花彩

春草

含羞

鼎力

独秀

凤羽

拱月

瑰宝

丰收

璀璨

信任

雅秀

和谐

回转

幻化

吉祥

江南

阶梯

坚持

金边

锦绣

君悦

阔景

流年

轮回

迷离

密藏

墨绿

霓虹

怒放

珍宝

璞玉

嵌入

旋转

青春

清廉

情思

秋分

秋意

山花

双鱼

如钩

双骄

双眸

探味

无憾

舞动

小筑

支点

怡然

渔归

艳丽

依靠

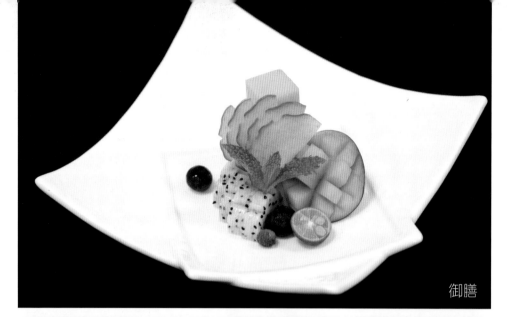

御膳

重围

雁回

圆满

珠环

热浪

枝头

中庸

醉卧

惜春

期盼

先将西瓜薄片在果盘中围成 3/4 圈。

将西瓜底座造型和一小串红提摆在中间。

在西瓜薄片间隙摆上红毛丹，在红提与西瓜底座造型间摆上金橘。

心花怒放

将剩下的 1/4 圈，摆上脐橙造型。

百雀

伴君

尘缘

春色

浮华

高风亮节

国色天香

花落

骄阳似火

节节高升

竞渡

思君

岭南佳果

墨香

青出于蓝

孤寂

腾飞向上

喜庆丰收

知汝

欣欣向荣

玄妙

一心一意

朱砂

玉箫

第五章
西瓜皮草花拼盘

西瓜皮草花的制作步骤，可见第二章视频详解。

姹紫嫣红

灿烂辉煌

瓜果飘香

红粉佳人

乘风破浪

果塔迎宾

合家欢乐

浪漫风情

流光溢彩

翩翩起舞

情缘未了

山巅红日

随遇而安

天香灵秀

为君

飞翔

展翅高飞

相亲相爱

相映成趣

心心相印

星光闪闪

旋律

一枝独秀

追云逐月

如愿

福字当头

1

取 1/4 西瓜皮，先用黑笔在瓜皮上描画出福字的轮廓。

2

再用雕刻刀沿着笔迹雕刻出线条轮廓。

3

去掉多余部分。

西瓜船制作详见第一章。

先将福字瓜皮造型和西瓜船摆入盘中。

在右边摆一列火龙果薄片。

在中间依次摆上枇杷、白香瓜薄片和一小串红提。

在红提前面摆放一排猕猴桃薄片。

比翼双飞

吉庆有余

乐在其中

相依相伴

携手并进

丽花争艳

亲密无间

同甘共苦

幸福美满

浓情蜜意

陌上花开

福气满堂

图书在版编目（CIP）数据

精致果盘切拼创意/朱文彬著.—福州：福建科学
技术出版社，2019.5
ISBN 978-7-5335-5782-9

Ⅰ.①精… Ⅱ.①朱… Ⅲ.①水果－装饰雕塑
Ⅳ.①TS972.114

中国版本图书馆CIP数据核字（2018）第 299604 号

书　　名	精致果盘切拼创意
著　　者	朱文彬
出版发行	福建科学技术出版社
社　　址	福州市东水路76号（邮编350001）
网　　址	www.fjstp.com
经　　销	福建新华发行（集团）有限责任公司
印　　刷	福州德安彩色印刷有限公司
开　　本	787毫米×1092毫米　1/16
印　　张	6
图　　文	96码
版　　次	2019年5月第1版
印　　次	2019年5月第1次印刷
书　　号	ISBN 978-7-5335-5782-9
定　　价	42.00元

书中如有印装质量问题，可直接向本社调换